Wohin geht die Reise?

Klimawandel, Artensterben, Pandemien, ...

Harald Rösner

Herzlichen Dank meiner Frau Erika für wertvolle
Anregungen und eine kritische Korrektur

Wohin geht die Reise?

Klimawandel, Artensterben, Pandemien,...

Herstellung und Verlag:

BoD - Books on Demand, Norderstedt

ISBN: 9783754373644

Euro 4

Inhalt

Der Mensch

Egal wie wir uns fühlen,

alles was wir sind, denken, tun oder lassen

resultiert aus einem Konzert von Molekülen,

die in 60 Billionen Zellen chemisch-

physikalisch interagieren,

Energie aus der Umwelt transformieren,

um nach ererbten genetischen Normen

hoch geordnete Strukturen, Gewebe,

Organe zu formen,

diese nach Verletzung

immer wieder reparieren

oder als Spende akzeptieren.

Sie stimulieren die Fortpflanzung

mit bewährten Verfahren,

um uns bei der allgegenwärtigen Entropie

vor dem Aussterben zu bewahren.

All dies ist entstanden durch Evolution,
welche seit Beginn des Lebendigen schon
eine unüberschaubare
Lebensvielfalt geschaffen,
vor ca. 12 Millionen Jahren auch
Menschenaffen.
Danach galt es noch an wenigen
Stellschrauben zu drehen, um nach
Milliarden Jahren kosmischer Wehen
die Menschwerdung zu forcieren und
verschiedene Überlebenspfade
auszuprobieren.

Erst vor 150 000 Jahren war es soweit,
dass Homo sapiens in Afrika bereit
sich weltweit auszubreiten,
sich mit Neandertalern zu paaren
und zu streiten.

Als vor 10 000 Jahren

der Mensch begann Ackerbau und

Viehzucht zu betreiben,

beschlossen viele Gemeinschaften

sesshaft zu bleiben,

und in der Folge kam es bald schon

zu einer Bevölkerungsexplosion.

All dies hat sich durch Evolution

 wie von selbst ergeben

und ermöglicht uns als intelligente Wesen

neben unzähligen weiteren Spezies

auf diesem Planeten zu leben,

wobei unvorhersehbar die Lebensdauer,

denn ständig liegt was auf der Lauer,

das versucht uns zu attakieren,

Menschen,Tiere, Gifte, Bakterien, Viren.

Heute können wir Zusammenhänge
verstehen und registrieren,
dass immer neue Bakterien und Viren
auftauchen und mutieren.
Was ist zu tun?
Mit ständig angepassten Strategien gilt es
die Eindringlinge zu kontrollieren,
aber gleichzeitig nicht zu vergessen,
die Erderwärmung zu reduzieren.
Nur so haben wir eine Chance,
den Virentod zu bekämpfen
und vielleicht auch die weltweite
Hungersnot zu dämpfen.
Noch ist Zeit, nicht zu verspielen,
was durch die Natur uns gegeben:
Die Chance als soziale Wesen
menschenwürdig zu leben.

Ein Virus kommt selten allein

Wir können sie nicht riechen,
sehen oder hören,
sie lassen sich auch nicht
spirituell betören.
Trotz Abstand und Schutzmasken wird es
immer wieder passieren,
dass soziale Wesen sich infizieren.
Unsere Zellen können sich dann
nicht mehr wehren,
die Eindringlinge werden sich
in ihnen ungehemmt vermehren.

Es sei denn, dass unsere Abwehr, durch

Impfung verstärkt aktiviert,

einen Gegenfeldzug initiiert,

um die Feinde zu vernichten,

bevor sie zuviel Schaden anrichten.

Wenn aber ein neuer Virusklon,

zufällig entstanden durch Mutation,

dem molekularem Angriff widersteht,

er an der Pandemieschraube weiter dreht.

Dann hilft nur, verstärkt in Forschung und

Technik zu investieren, um eine angepasste

Impfstrategie zu kreieren,

denn nur die Mechanismen der

lebendigen Natur

können uns Wege aufweisen,

die Bedrohung wirksam einzukreisen.

Für alle Zeiten ausschalten

 lässt sie sich aber nicht

weder durch Impfung, noch durch

Lockdown mit Kontaktverzicht.

Schon lange vor uns hat es immer

Viren gegeben.

Wir können nur lernen,

bestmöglich mit ihnen zu leben.

Covid-19-2020

Ob wir es wahrhaben wollen
oder nicht,
wir sind und bleiben
 bis zum Jüngsten Gericht
eingebettet in die Evolution,
wodurch mit Beginn
des Lebendigen schon
eine unüberschaubare Vielfalt
an Arten entstanden,
Bakterien, Einzeller, Pflanzen,
Pilze und Tiere
aufblüten und wieder verschwanden.

Man fragt sich, wie konnte

sich das alles etablieren

und mit welchen biologischen

Mechanismen funktionieren?

Wir wissen, es sind Episoden

 mit zeitlichen Fristen,

quasi molekulare Konzerte

mit individuellen Solisten,

bei denen das Genom dirigiert

und immer wieder

Variationen inspiriert,

welche über Generationen

weiter gepflegt,

wenn die Population mit ihnen

gut überlebt.

Kein Wunder, dass der Gene Macht

die Begierde

vieler Organismen entfacht.

So verstanden es Viren,

nicht fähig sich zu vermehren,

mit ihrer DNA/RNA

unsere Zellen zu betören,

ihr genetisches Programm

zu adaptieren,

um massenhaft Viren zu produzieren,

die weitere Menschen heimsuchen

mit perfider Strategie

und sich oftmals grenzenlos ausbreiten

als Pandemie.

Erleiden zu viele Lungenalveolen

den Virentod,

kommt es zu dramatischer Atemnot.

Gelingt es unserer Abwehr nicht,

die Eindringlinge

effektiv zu bekämpfen,

können sie unsere Lebenskraft

 so stark dämpfen,

dass wir keine Chance haben

 gegen die Viren

und trotz Medizin und Fürsorge

den Kampf verlieren.

Covid-19 sollte uns
 mal wieder aufrütteln,
nachdenklich und aktiv,
aber auch dankbar
und bescheiden zu werden,
denn wir sind und bleiben
ein Teil der Natur dieser Erden.

Wissenschaft, Medizin, IT, Technik,
Ökonomie sollten wir nützen,
uns und unsere natürlichen
Lebensgrundlagen zu schützen.

Als soziales Wesen sollte jeder

Verantwortung spüren,

sich Mühe geben,

denn nur dann haben unsere Nachkommen

eine Chance

menschenwürdig zu überleben.

Covid-19- 2021

Man fragt sich, wie kann es sein,
dass ein Virus winzig klein
unsere Zellen noch immer
trickreich betört
und sich in ihnen
hemmungslos vermehrt.
Weitere Zellen spüren den Fluch,
die Atmung stockt,
es versagt der Geruch.
So ist die Natur,
von der wir alle zehren,
es sei denn wir finden Wege,
uns irgendwie zu wehren.

Was sicher nichts bringt
ist tätowieren oder sich
die Schläfen kahl rasieren.

Covid-19 interessiert auch nicht,

wenn das Bunderverfassungsgericht

die Würde des Menschen

versucht zu schützen,

gegen virale RNA

wird das nichts nützen.

Es hilft auch nicht,

die Bedrohung zu ignorieren

und für grenzenlose „Freiheit"

ohne Rücksicht, Toleranz

und Verantwortung zu lamentieren.

Wir sind nun mal

verwundbare Wesen

und haben nur dann

die Chance zu genesen,

wenn wir in sozialer Gemeinschaft leben,

uns disziplinieren und gleichzeitig

Überlebensstrategien

für die Zukunft kreieren.

Corona

Die Existenz der Menschheit

 resultiert aus der Evolution

und basiert auf DNA-Information,

welche immer mal wieder

ungerichtet mutiert

und dadurch Möglichkeiten kreiert,

die, wenn sie sich

im Erbgut etablieren,

Lebensabläufe über

Generationen variieren.

Nur so konnte nach Überwindung

der kosmischen Wehen

eine vergängliche und immer wieder neue

Artenvielfalt entstehen,

von Einzellern, Pflanzen, Tieren,

Pilzen, Bakterien und Viren.

Nur wir Menschen

sind daran interessiert,

was in unserem Körper

biologisch passiert,

wie die Moleküle des Lebens entstehen und

interagieren,

um individuelles Leben so lang

wie möglich zu garantieren.

Dennoch, trotz großer Fortschritte

der Medizin und

immer besserer Therapien,

bleibt unser Körper gefährdet,

anfällig, gebrechlich

und kann bei Störungen

 - wie bei allen Lebewesen -

nur auf natürlichen Wegen genesen.

Hinzu kommen artspezifische Stratetegien

um zu überleben,

auch uns würde es ohne solche

gar nicht geben.

Selbst Viren, nicht fähig

sich selbst zu generieren,

haben Wege gefunden,

 ihre Existenz nicht zu verlieren.

Sie nutzen die Synthese-Maschinerie

lebender Zellen,

um deren DNA/RNA-Programm

so umzustellen, dass

massenhaft neue Viren entstehen,

die an der Infektionsspirale weiterdrehen.

Dann beginnt ein

Kampf ums Überleben.

Unsere Immunabwehr

muss jetzt alles geben, um

die Eindringlinge zu vernichten,

bevor sie irreversible

Schäden anrichten.

Im Fall von Covid-19 ist es gelungen,

unsere Zellen mit spezieller mRNA

 zu motivieren,

ein Oberflächenprotein des Virus

zu produzieren,

gegen das unsere Immunabwehr

Antikörper generiert,

die , falls wir infiziert ,

schon nach kurzer Zeit bereit,

die Viren soweit zu dezimieren,

daß diese und nicht wir

den Kampf verlieren.

Nun weiß man ja auch

von den eigenen Verwandten,

es gibt immer mal Mutanten.

Auch Viren mutieren,

wenn sie massenhaft enstehen,

plötzlich taucht eine Variante auf,

die man vorher nie gesehen.

Inzwischen führte Corona

zu einer weltweiten Pandemie,

denn so aggressiv waren Viren noch nie.

Für uns Menschen bedeutet dies,

ohne viel Zeit zu verlieren,

Forschung und Entwicklung von

Schutzstrategien zu intensivieren.

Dabei ist unabdingbar

und nicht erst morgen,

durch globale Hilfe dafür zu sorgen,

daß auch die armen Länder der Erde

 sich durch Impfung schützen

und Zugang zu Medikamenten haben,

die vielleicht nützen.

Was die Zukunft bringt

ist nicht vorauszusehen,

da Viren immer bereit

zu kommen und zu gehen.

Fast 8 Milliarden Menschen

bilden ein Riesenpotential

für Corona-Varianten ganz ideal,

da sie immer wieder neue Wirte finden,

um ihr Erbgut trickreich einzubinden,

und mit den molekularen Mechanismen,

auf denen alles Leben basiert,

- welche in der Evolution

ja auch zu uns geführt -

sich weiter zu vermehren,

es sei denn, es gelingt Homo sapiens

sich erfolgreich zu wehren.

Das Jahr 2020

2020 begann wie eh und je,

es wurde hell, es schmolz der Schnee.

Blumen, Sträucher, Bäume erblüten prächtig

in der Erwartung, bald werden wir „trächtig".

Weit gefehlt, sie mussten erfahren,

etwas war anders als in früheren Jahren.

Man sah kaum noch Fliegen,

Bienen und Hummeln

sich im Duft der Blüten tummeln.

Das Konzert der Vögel am Morgen

klang gedämpft, kleinlaut, voller Sorgen.

So als wollten sie signalisieren:

„Wir werden erst dann triillieren,

wenn die Natur wieder regeneriert

und für alle genug Nahrung präsentiert.

Sollte das natürliche System

weiter kollabieren,

werdet auch ihr Menschen die Basis

der Existenz verlieren,

denn auch eure Nabelschnur

ist und bleibt verankert in der Natur."

Dies hat uns Covid- 19 mal wieder

eindrücklich gezeigt,

wobei zu viele Egoisten geneigt,

die Bedrohung verantwortungslos

zu ignorieren,

stattdessen nur lautstark zu lamentieren,

sich wie vermeintliche Verfechter

 der Freiheit gebärden,

aber Leben und Gesundheit

 vieler Menschen gefährden.

Wir Menschen sind nun mal

verletzliche Wesen,

können dank Wissenschaft und Medizin

vielleicht genesen,

uns dem Angriff der Viren aber

nur nachhaltig erwehren,

wenn wir unterbinden,

dass sie sich in uns vermehren.

Nur mit Schutzimpfung,

Abstand und Disziplin

haben wir eine Chance,

dank Fürsorge und Medizin

in einer bedrohten Natur

mit aggressiven Viren

den Lebensmut nicht zu verlieren.

Die Frage ist, was muss geschehen,

wie soll es auf unserer Erde weitergehen?

Vielleicht weisen neue Pfade

der Wissenschaft

in eine Zukunft, die Hoffnung macht.

Da Viren unberechenbar mutieren,

sollte man sie nie aus dem Auge verlieren.

Nur ständige intensive Forschung

eröffnet Strategien

für eine nachhaltige Medizin.

Aber auch das wird uns nur etwas bringen,

sollte es der Menschheit wirklich gelingen,

weltweit natur-u. klimaschonend

zu produzieren,

die Land- u. Energiewirtschaft

ökologisch zu reformieren.

Eine umweltverträgliche Strategie

wäre eine effektivere Nutzung

der Sonnenenergie.

Alternativ zur Freilandwirtschaft weltweit,

die zur Reduzierung der Umweltbelastung

noch nicht wirklich bereit,

scheint möglich, dass durch verbesserte

Ausnutzung der Photosynthese,

Gensequenzierung zur Enzymauslese,

Pflanzenaufzucht durch LED optimiert

und in vertikale Kultur

flächensparend transformiert,

es gelingt, große Mengen Pflanzen

saisonunabhängig zu erzeugen

mit dem Ziel, einer

Welthungerkatastrophe vorzubeugen.

Gleichzeitig würden der Wasserverbrauch

um 90% reduziert

und giftige Chemikalien nahezu eliminiert.

In der Konsequenz könnte

all dies dazu führen,

daß viele Äcker und Felder

wieder ökologisch ergrünen.

Wenn wir in die Realisierung

dieser Ziele viel mehr investieren,

besteht vielleicht auch die Chance,

die Tierwelt zu reanimieren.

Weitere Pfade der Forschung

sollen zu Verfahren führen,

mehr Wasserstoffgas

umweltschonend zu produzieren,

da es als Treibstoff,

Kohlendi- u. Stickoxid-neutral,

die künftige Energiealternative der Wahl.

So bietet sich an,

Solar- u. Windkraftstrom

verstärt zu investieren,

um durch Elektrolyse aus Wasser

Wasserstoff zu generieren.

Vielversprechend sind auch

erste sensible Zellen,

die so konstruiert, dass,

wenn sie durch Sonnenlicht zu aktiviert,

 - wie grüne Blätter-

Wasser spalten,

um an der Kathode eines Stromkreises

aus Protonen und Elektronen

Wasserstoff zu erhalten.

Die Zeit drängt,

die Erwärmung nimmt zu

und Viren mutieren,

noch gibt es Chancen,

den Klimawandel zu minimieren,

den Anstieg des Meerespiegels zu dämpfen,

Hungersnöte und Epidemien zu bekämpfen.

Zur Sicherung der künftigen

Lebensgrundlagen genügt es aber nicht,

sich nur einfach zu beschränken auf

Luxus-Verzicht,

es gibt sie nicht zum Nulltarif,

denn für eine Selbstheilung

sind die Wunden unseres Planeten

schon längst zu tief.

Schneekanonen

Es waren einmal zehn Schneekanonen,
die beschlossen, ab sofort
die Umwelt zu schonen.
Sie fuhren bergab in wildem Zorn
und nahmen statt der Piste
Sankt Moritz aufs Korn.

Bars, Luxus, Limosinen
versanken im Schnee,
als dieser mittags schmolz
endstand ein See,

der nachts zu einem

schmutzigen Eisblock erstarrte

und so im Winter

noch viele Tage verharrte.

Als im Frühling

Vögel begannen zu brüten,

die verschonten Skipisten

mal wieder erblüten,

tanzten Schmetterlinge

einen bunten Reigen,

um den Schneekanonen

ihren Dank zu zeigen.

Alpenrosen

Wenn die Alpenrosen blühn,
und uns die Alm mit hellem Grün
im Glanz des Sonnenlichts berührt,
haben wir in uns gespürt,
dass wir weder mit Verstand
noch mit Sinnen,
der Mutter Natur können entrinnen.

Wir sollten wie die
Rosen im Sonnenschein
als Teil des Lebendigen dankbar sein.

Wenn die Apfelbäume weinen

Wenn die Bienen nicht mehr summen,

und auch die Hummeln

gar verstummen,

erklingt von Ferne seltsam leise

eine wehmütige Weise.

Es sind Apfelbäume,

die weinend klagen,

so als wollten sie verzweifelt fragen:

Liebe Sonne, was soll

all dein Bemühen,

wozu lässt du uns so prächtig blühen,

was hilft der betörende Duft,

mit dem wir versüßen die Luft,

wenn er über

Hänge und Wiesen entweicht

und nirgendwo Insekten erreicht?

Liebe Sonne, falls

der Mensch dahintersteckt,

bestrafe ihn mit Hitze

bis er nahezu verreckt.

Vielleicht wird er sich

noch einmal besinnen,

bevor zuviele Jahre verrinnen.

Hört er endlich auf,

mit Gift zu manipulieren,

kann die Natur

vielleicht noch mal regenerieren.

Enzian

Wo einst das Eis den Berg versiegelt,
die heiße Sonne sich jetzt spiegelt.
Das Eis begann darauf zu weinen,
Tropfen um Tropfen sich zu vereinen
zu Rinnsalen, Bächen, Wasserfällen,
es sprudelte aus allen Quellen.
Die Flut ergoß sich in das Tal
und spülte zum wiederholten Mal
Schlamm, Holz, Geröll
durch Hof und Garten.

Wie lange wollen wir noch

warten, um zu erkennen,

daß wir Menschen es sind,

die nach wie vor,

durch Wohlstand blind,

die Atmosphäre manipulieren

und in Kauf nehmen,

daß unsere Enkel verlieren,

was über Jahrtausende

die Natur uns gegeben:

Die Chance für ein menschenwürdiges

Leben.

Erst wenn wir wirklich umsetzen

den globalen Klimaschutz-Plan,

blüht auf der Alm

vielleicht wieder ein Enzian.

Schmetterlinge

Ein Bläuling und ein Admiral
flatterten aus dem Süden
ins Tannheimer Tal.
Sie entdeckten eine bunte Wiese
und entschieden sich sofort für diese.
Tierschützer, die sich dort versteckt,
haben die Falter sogleich entdeckt.
Um sie vor dem Aussterben
zu bewahren,
probierten sie ein Spezialverfahren.
Dazu mußten sie die
Falter narkotisieren,
um sie in ein Genlabor zu überführen.

Leider haben sie

den Bläuling überdosiert,

er färbte sich grün

und wurde liquidiert.

So blieb für die Nachwelt

nur der Admiral,

was Hoffnung schürte

und zunächst nicht fatal.

Da er Chef einer Flotte,

hatte man schnell erkannt,

die Lösung ist, er schickt seine Matrosen

an Land.

Seitdem flatterten unzählige

kleine Admirale umher

und verdrängten die

übrigen Falter immer mehr.

Es hilft aber nicht,

wenn man nur auf eine Art setzt,

denn die Ökosysteme

sind viel zu sehr vernetzt.

Erst wenn wir aufhören,

an der Natur zu drehen,

wird vielleicht wieder

biologische Vielfalt entstehen,

ganz von selbst ohne Manipulation,

so wie seit Urzeiten durch Evolution.

Digitalis grandiflora

Es war einmal ein Fingerhut,

dem ging es eigentlich ganz gut.

Doch plötzlich schlugen

seine Blüten Alarm,

denn es wurde ihnen viel zu warm.

Er beschloss,

nicht länger oben zu bleiben,

sondern Ausläufer

in die Tiefe zu treiben.

Diese fanden dort zunächst

genügend Nahrung,

machten dann aber eine

schlimme Erfahrung.

Statt Stickstoff, Eisen und Phosphat

gab es fast nur noch Glyphosat.

Sie beschlossen

zurück zur Sonne zu ziehen,

um endlich wieder

einmal aufzublühen.

Als die ersten Sprösslinge

kamen ans Licht,

ging es nicht mehr weiter,

alles war dicht.

Genmais besetzte wie eine Armee

das Tal von der Baumgrenze

bis hinunter zum See.

Die Fingerhutsprossen

erkannten daraufhin,

hier Blüten zu treiben,

macht keinen Sinn.

Als die ersten begannen
ein Klagelied zu singen,
riefen andere, "lasst uns
in den Mais eindringen".
In den Leitbündeln hat es
genügend Saft,
und der gibt uns dann
die nötige Kraft,
um auch in den Blüten
und Kolben zu leben,
bequem, verborgen,
als Parasiten eben.
Gesagt, getan, bald war es soweit,
überall Fingerhut-Mais
säuberlich aufgereiht.
Die Körner reiften,
als wäre nichts geschehen,
vom Fingerhut
war ja nichts zu sehen.

Als man ein

verendetes Wildschwein fand,

erregte das zunächst

niemanden im Land.

Erst als viele Hühner,

eigentlich kerngesund,

plötzlich starben

ohne ersichtlichen Grund,

und etwas eintraf,

was nie vorher akut,

nämlich immer mehr Fälle

von vergiftetem Blut,

und zudem die

Herzinfarkt- Quote zunahm,

schlugen Ärzte und Ämter Alarm.

Fieberhaft wurde nach der
Ursache gesucht,
bei falschen Aposteln
manche Therapie gebucht,
doch niemand erkannte,
was dahinter steckt,
dass so viele Tiere und
Menschen verreckt.

Es blieb ein Geheimnis,
heimtückisch, perfide:

Gen-Mais als Vehikel für
Digitalis Glykoside

Plastikbecher

Ein Plastikbecher, glänzend schön,

war für Biojoghurt vorgesehen.

Als er gefüllt bis an den Rand

tanzte er aus der Reihe

und stürzte vom Band.

Sein Inhalt verschwand

in einem Abwasserkanal,

für ihn selbst wurde es

nun richtig fatal.

Ohne jemals erblickt

die strahlende Sonne landete

er direkt in der Gelben Tonne.

Dort versank er in einem

Chaos aus Plastikmüll

von Tüten, Flaschen,

Trinkhalmen und Tüll.

Statt zum Recyclen

auf ein Förderband

verfrachtete man ihn

in ein fernes Land.

Er landete auf einem Müllberg

statt in der Tonne,

und genoß zum ersten Mal

die wärmende Sonne.

Doch bald schon war es

mit der Ruhe vorbei,

er wurde getreten, geschüttelt

und brach entzwei.

Man schob ihn noch eine

Weile hin und her, und

schließlich landete er im Meer.

Dort treibt er nun

in den unendlichen Weiten

zwischen Strand und Ozean

im Strom der Gezeiten.

Er ist jetzt Soldat

einer riesigen Plastikarmee,

die alles verwüstet,

Strände, Riffe, Tiefsee.

Muscheln, Krebse, Tintenfische

total verstört,

hatten die künstliche Nahrung

nie vorher verzehrt.

Ihre Gedärme begannen zu leiden,

denn sie konnten zwischen

Bio und Plastik

kaum unterscheiden.

Auch die Fische

auf unserem Speiseteller

erscheinen um die Bauchhöhle

neuerdings heller.

Lassen sie sich auch

nicht mehr gut schneiden,

hilft nur eines,

Seafood zu meiden.

Die Frage ist,

was soll geschehen,

es kann doch nicht immer

so weitergehen?

Einige meinen:

Wir brauchen nur Geduld,

bis von selbst bio-recycelt

der künstliche Kult.

Weit gefehlt,

denn als in der Evolution

das Leben entstanden,

waren ja Kunststoffe

noch gar nicht vorhanden.

Also entwickelte sich

keine natürliche Strategie,

etwa eine bakterielle Therapie,

Plastik in den Biokreislauf

zurückzuführen,

wir könnten es jetzt allenfalls

mit Gentechnik probieren.

Vielleicht werden neue Mikroben

die Zersetzung erlernen

was aber nicht hilft,

Plastik

aus dem Meer zu entfernen.

Hinzu kommt,

dass Kunststoff zerbröselt

 zu kleinen Teilchen,

welche noch sichtbar

und greifbar ein Weilchen,

dann aber zu

winzigen Partikeln schwinden,

die sich in allen

Lebewesen wiederfinden.

Diese Nanos sind

inzwischen so klein,

dass sie Wege finden

bis in die Zellen hinein.

Bei uns wird wohl zunächst

die Leber überschwemmt,

dann verteilen sich die Nanos

weiter ungehemmt.

Passieren sie auch

die Schranke zum Gehirn,

dringen sie vor bis zum

Neocortex unter der Stirn.

Manipulieren sie dann

unsere Persönlichkeit,

beginnt von neuem

plastikpolitischer Streit.

Einige fühlen sich high

wie unter Drogen,

andere um ihre

Lebensqualität betrogen.

Den Plastikbechern

ist der Streit egal,

sie stehen nach wie vor stolz

im Joghurtregal

und wissen genau,

dass die Menschen,

obwohl sie´s erkennen,

bei einem „weiter so“

in ihr Verderben rennen.

Eine Schneeflocke wandert aus

Eine Schneeflocke segelte

durch die Schweiz bei Nacht,

und reihte sich ein

in die weiße Pracht.

Im Frühling, mit

ansteigender Temperatur,

verlor sie ihre Kristallstruktur.

Als Wassertropfen versuchte

sie sich durchzuschlagen,

erkannte aber, nur vereint

kann ich was wagen.

Sie lud zu einer Sitzung in Bern,

und Wassertropfen kamen

aus nah und fern.

Sie beschlossen auszureisen
über den Rhein,
denn allen war die Schweiz
irgendwie zu klein.

Bei Schaffhausen hatten sie
ein erstes Problem,
die Fließrichtung
war plötzlich nicht mehr zu sehen.
Sie stürzten hinab im freien Fall,
es schäumte und spritzte allüberall.
Manche wirbelten ohnmächtig umher
und fanden danach
ihre Kollegen nicht mehr.
Die anderen blieben
beisammen, flossen weiter und
wurden allmählich wieder heiter.

Bis Basel war die Reise

nicht mehr riskant,

dort wurde es mit Badenixen

sogar interessant.

Nach der Grenze

wollten sie richtig loslegen,

doch die Großchemie

hatte etwas dagegen.

Erst unterschwellig,

dann mit Wucht, war

ihre Oberflächenspannung

plötzlich verpufft.

Es waren Weichmacher,

winzig klein und deshalb

ja auch so gemein.

Einige Wassertropfen

wichen zum Ufer aus,

doch für sie kam dort

endgültig das Aus.

Eingesaugt in gierige Schlunde

gingen sie in der

Chemie-Wüste zugrunde.

Die meisten konnten jedoch

dem Chaos entweichen

und unversehrt Freiburg erreichen.

Weiter abwärts am Kaiserstuhl vorbei,

schwammen sie sich endlich frei.

Das Straßburger Münster

in der Abendsonne,

man ließ sich treiben,

es war eine Wonne.

Doch plötzlich

wurde ihnen richtig warm,

die ersten schlugen sofort Alarm.

Die Wärme stammte

nicht von der Sonne

und nicht aus einer Biotonne,

sie kam auch nicht von einem Traktor,

sondern aus einem Atomreaktor

infolge Umwandlung

von Materie in Energie,

das gab es vorher so

auf der Erde noch nie

- also genau umgekehrt

  wie beim Urknall,

  als Materie entstand

  durch Energiezerfall -.

Dass dies möglich, hatte ja

Einstein erkannt,

als er mit E=mc²

den Zusammenhang fand.

Zudem floss Kühlwasser

überall herum

und führte zur Bildung von Tritium.

Es werden noch viele Jahre vergehen,

bis es wieder zerfallen,

als wäre nichts geschehen.

Außerdem sind da noch die

radioaktiven Stäbe,

und man tut so,

als wenn es sie nicht gäbe.

Bisher ist noch kein Endlager in Sicht,

wer nimmt wen in die Pflicht?

Wird es überhaupt eine Lösung geben,

wie kann man mit dem

Atommüll überleben?

Unsere Wassertropfen,

inzwischen dezimiert,

hat das natürlich kaum interessiert.

Auch Ludwigshafen konnte sie

nicht schrecken,

denn jetzt hieß es

Heidelberg entdecken.

Deshalb willigten sie auch sofort ein,

als viele neue Mitglieder drängten

in den Verein als Wassertropfen

aus dem Schwabenland,

denen Heidelberg natürlich bekannt.

Weiter abwärts stießen sie dann

auf den Main,

auch der wollte unbedingt

in den Rhein.

Als Gastgeschenk pflegte er

eine Tradition,

wie seit Urzeiten die Römer schon:

Wein, Wein all überall Wein,

ist es deshalb so schön am Rhein?

War es im Rheingau noch gemütlich

mit Wein, Inseln und Strand,

wurde es abwärts

gefährlich interessant.

Nur, wer sich nicht betören ließ

von der Loreley,

kam glimpflich an Felsen und

Untiefen vorbei.

Ab Koblenz wurde es

dann international.

Französische Tropfen

versuchten zum wiederholten mal,

über die Mosel den Rhein

zu annektieren,

konnten gegen die

Schwäbisch-Schweizer Garde

aber nur verlieren.

In Köln war alles bisherige egal,

denn hier regierte der Karneval.

Drei Tage fühlten sich

unsere Tropfen sauwohl,

aber nur scheinbar,

es lag am Alkohol.

Als dieser wieder allmählich verflog,

spürten sie einen mächtigen Sog

und landeten mit Kölsch,

Urin und Wein

endlich wieder im Vater Rhein.

Weiter stromabwärts ging die Reise,

jeder ruhte sich aus auf seine Weise,

manche ließen sich einfach treiben,

andere zogen es vor,

nah am Ufer zu bleiben,

bis sie sich alle wieder trafen

mitten im Duisburger Hafen.

Schleppkähne, Kohle,

Gas, Stahlindustrie,

Container, Krähne, Raffinerie

stimmten sie überhaupt nicht heiter,

alle waren sich einig,

bloß schnell weiter.

Gen Westen wendete

sich nun der Strom,

was schon Strategen bekannt

im antiken Rom,

als Legionen unterwegs

mit wehenden Fahnen,

um Gallier zu ärgern und

auch die Germanen.

Xanthen war für die Römer

einen Meilenstein

mit Kastell und Theater

linksseitig vom Rhein.

Hier wollten unsere Tropfen

gerne bleiben und

ließen sich ans Ufer treiben.

Erst in der Finsternis der Nacht

kehrten sie zurück

in die strömende Fracht,

um ohne Ausweis und Zollgebühren

die Grenze nach Holland zu passieren.

Hier waren Ackerbau und

Viehzucht angesagt,

obwohl das Land

unter dem Meeresspiegel lag.

Tulpen durften kurz mal blühen,

um Zwiebeln für

Großmärkte aufzuziehen,

stand der Mais nicht

kräftig und akkurat,

wurde er gepuscht mit Glyphosat.

Viele Stunden vergingen,

die Tropfen sehnten sich so sehr,

wann endlich kommt denn nun

das Meer?

Es kam, doch um es erreichen,

galt es noch gefährlichen

Attacken auszuweichen.

Im Hafen von Rotterdam

ging es hoch her,

Schiffe kamen vom Rhein

und vom Meer,

am Ufer verschwand

Wasser zum Kühlen,

um Tanks wieder sauber zu spülen.

Da Öl und Wasser sich meiden,

hatten unsere Tropfen

ständig zu leiden.

Erst mit dem Anstieg

von Natriumchlorid

wurden sie allmählich wieder fit.

Jetzt konnten sie jubeln

und tanzten umher,

sie hatten es geschafft,

sie waren am Meer.

Am Horizont lockte

eine Insel linker Hand,

mit einem weißen Felsenstrand.

Aber urplötzlich

spürten sie Brexitfieber

und beschlossen,

das lassen wir lieber.

Sie wollten im Kanal

ohnehin nicht bleiben,

und ließen sich in die

offene Nordsee treiben.

Entlang der Friesischen Inseln

durch die sandigen Weiten

mit Abstechern ins Wattenmeer

im Rhythmus der Gezeiten

drangen sie immer weiter

Richtung Osten vor,

wobei mancher bei Sturmflut

den Anschluß verlor.

In der Elbmündung roch es

nach Lebertran.

Das kam aber nicht

von der Reeperbahn,

auch nicht aus der

Elbphilharmonie,

sondern von der Chemieindustrie.

Nach Norden gab´s durch

die Elbe einen Schub, dann

schrumpfte deutlich der Tidenhub.

Auf Westerland lagen,

meistens zu zweit,

Touristen wie die Seehunde aufgereiht,

um mit entblößter Haut

und überlasteten Nieren

Parfüm und Ethanol zu evaporieren.

Als die Tropfen

kamen auf die Höhe von Skagen,

versuchten es einige zu wagen,

aus der Nordroute kurz

mal auszuscheren,

um die Ostsee

mit einem Besuch zu beehren.

Dabei stürzten sie ab, bis
300 m tief und merkten zu spät,
da ging etwas schief.
Die meisten aber verließen
den Golfstrom nicht,
und bald schon war
Norwegen in Sicht.
Weiter entlang der Küste
Richtung Nordmeer
gab´s für die Wassertropfen
kein Halten mehr.
Spitzbergen vor Augen
noch frohgemut
ging es danach vielen
nicht mehr so gut.

Der Schnee erinnerte sie an

ihre Kindheit auf dem Gletscher,

und alle wollten heraus

aus dem Wassergeplätscher.

Sie entschieden sich,

ob es richtig wer weiß,

wir müssen wieder zurück ins Eis.

Gesagt getan, man ließ sich gefrieren,

um als Eisschollen zu flanieren.

So trieben sie glückseelig

im Polarlicht umher,

doch irgendetwas stimmte nicht mehr.

Die Sonne hatte zwar

noch ihren Charme,

aber eigentlich war sie viel zu warm.

Die Globale Erwärmung

schlug erbarmungslos zu, und

vorbei war es mit der arktischen Ruh.

Das Eis schmolz zu einer Flutwelle

von ungeheurer Gewalt.

Die machte dann vor Nichts mehr Halt.

Sie flutete alles vom Nordcap bis Bern,

da half auch keine

Urknallforschung in Cern.

Eine Schlammlawine

ertränkte die Schweiz,

Großglockner und Banken

verloren ihren Reiz.

Fränkli und Bitcoins

schwammen wild umher

und interessierten niemanden mehr.

Man beschuldigte sich

gegenseitig voller Zorn und

Heidi flüchtete aufs Matterhorn.

Unsere Schneeflocke

wurde nie mehr gesehen,

bis eines Tages ein Wunder geschehen,

und sie als Träne

in einer hellen Mondnacht

die Wange eines Kindes kühlte,

ganz sacht.

„Höher mein Gott zu Dir“

Es gibt auf der Welt

kein einziges Tier,

das den Wunsch hat:

"Höher mein Gott zu Dir".

Der Mensch, allerdings,

spielt mit dem Gedanken,

sich mit Dunkler Energie

voll zu tanken, um zu den Grenzen

des Universums vorzudringen,

natürlich wird das nie gelingen.

Als fast Nichts im riesigen Weltenall

versuchen wir zu entschlüsseln,

was seit dem Urknall

schließlich auch zu uns geführt,

war es Zufall oder programmiert?

Wir wissen`s nicht, wir wissen nur,

wir sind ein Baustein

einer wunderbaren Natur

auf einem Blauen Planeten

im riesigen All,

der einst entstanden und auf jeden Fall

irgendwann endet in Raum und Zeit

und keinesfalls taugt für die Ewigkeit.

Verwandte Lyrik:

Harald Rösner.

Vom Nichts zur Erkenntnis
Mystik und Gewissheit der Evolution
ISBN: 978-3-86937-321-8

MenschWerdung
ISBN: 978-3-7347-4343-6

Dimensionen
Vom Atom
bis zu den Schwarzen Löchern
ISBN: 978-3-8423-5189-9

Von den Alpen bis zum Nordmeer
Besinnliche und heitere Verse
und Gedichte
ISBN: 978-3-7404-3-7238